Karl Marr

Der Satz von Bertrand und Puiseux/ Hartman-Nirenberg in R^n+1

Karl Marr

Der Satz von Bertrand und Puiseux/ Hartman-Nirenberg in R^n+1

Zwei Sätze zur Krümmung von Flächen

Reihe Realwissenschaften

Impressum / Imprint
Bibliografische Information der Deutschen Nationalbibliothek: Die Deutsche Nationalbibliothek verzeichnet diese Publikation in der Deutschen Nationalbibliografie; detaillierte bibliografische Daten sind im Internet über http://dnb.d-nb.de abrufbar.
Alle in diesem Buch genannten Marken und Produktnamen unterliegen warenzeichen-, marken- oder patentrechtlichem Schutz bzw. sind Warenzeichen oder eingetragene Warenzeichen der jeweiligen Inhaber. Die Wiedergabe von Marken, Produktnamen, Gebrauchsnamen, Handelsnamen, Warenbezeichnungen u.s.w. in diesem Werk berechtigt auch ohne besondere Kennzeichnung nicht zu der Annahme, dass solche Namen im Sinne der Warenzeichen- und Markenschutzgesetzgebung als frei zu betrachten wären und daher von jedermann benutzt werden dürften.

Bibliographic information published by the Deutsche Nationalbibliothek: The Deutsche Nationalbibliothek lists this publication in the Deutsche Nationalbibliografie; detailed bibliographic data are available in the Internet at http://dnb.d-nb.de.
Any brand names and product names mentioned in this book are subject to trademark, brand or patent protection and are trademarks or registered trademarks of their respective holders. The use of brand names, product names, common names, trade names, product descriptions etc. even without a particular marking in this works is in no way to be construed to mean that such names may be regarded as unrestricted in respect of trademark and brand protection legislation and could thus be used by anyone.

Coverbild / Cover image: www.ingimage.com

Verlag / Publisher:
AV Akademikerverlag
ist ein Imprint der / is a trademark of
OmniScriptum GmbH & Co. KG
Heinrich-Böcking-Str. 6-8, 66121 Saarbrücken, Deutschland / Germany
Email: info@akademikerverlag.de

Herstellung: siehe letzte Seite /
Printed at: see last page
ISBN: 978-3-639-49807-3

Inhaltsverzeichnis

Kapitel 1

Einleitung

Die Formel von Bertrand und Puiseux und der Satz von Diquet beschäftigen sich mit der Krümmung von Flächen im $\mathbf{R}^3$. Dabei werden geodätische Kreise um einen Punkt p auf der Fläche betrachtet. In der Formel von Bertrand und Puiseux wird der Umfang eines Kreises in der Ebene mit dem Umfang des geodätischen Kreises um den Punkt p mit dem gleichen Radius betrachtet, um die Gaußkrümmung der Fläche im Punkt p zu bestimmen. Beim Satz von Diquet betrachtet man die Fläche der verschiedenen Kreise und bestimmt so die Gaußkrümmung.

Kapitel 2

Die Gaußkrümmung

Im folgenden sei (x, y) ein Koordinatensystem in einer Umgebung von $p \in S \subset \mathbf{R}^3$. $f : \mathbf{R}^2 \to \mathbf{R}^3$ sei die Inverse des Koordinatensystems. Des weiteren sei $(s, t) = u \in \mathbf{R}^2$, so dass $f(u) = p$.

Definition : Sei S reguläre Fläche, $p \in S$.

$$T_p S = \{ X \in \mathbf{R}^3 : \text{ Es gibt } \varepsilon > 0 \text{ und } \gamma(-\varepsilon, \varepsilon) \to S \text{ mit } \gamma(0) = p, \dot{\gamma}(0) = X \}$$

heißt *Tangentialraum* von S in p.

Definition: Sei $S \subset \mathbf{R}^3$ reguläre Fläche. Eine Abbildung

$$N : S \to \mathbf{R}^3$$

mit $N(p) \perp T_p S$ für alle $p \in S$ heißt *Normalenfeld* auf S. Ein Normalenfeld heißt *Einheitsnormalenfeld* auf S, falls $\| N(p) \| = 1$ für alle $p \in S$. Ein glattes Einheitsnormalenfeld auf S heißt *Gaußabbildung*.

Die Gaußabbildung lässt sich einfach berechnen.

$$\frac{\partial f}{\partial s} \times \frac{\partial f}{\partial t} \perp T_p S$$

3

Damit $\| N(p) \| = 1$ setzt man jetzt:

$$N(p) = \frac{\frac{\partial f}{\partial s} \times \frac{\partial f}{\partial t}}{\| \frac{\partial f}{\partial s} \times \frac{\partial f}{\partial t} \|}$$

Definition: Sei $S \subset \mathbf{R}^3$ reguläre Fläche, $p \in S$ und $<,>$ das Standardskalarprodukt des $\mathbf{R}^3$. Die Abbildung

$$I_p : T_pS \times T_pS \to \mathbf{R}$$

$$I_p(v, w) = \langle v, w \rangle, v, w \in T_pS$$

heißt *erste Fundamentalform* von S.

Nach der Wahl einer Basis für T_pS lässt sich die erste Fundamentalform als Matrix $(g)_{ij}$ darstellen. Seien $D_u f(e_1), D_u f(e_2)$ die Basisvektoren von T_pS. Dann folgt:

$$g_{11}(u) = \langle \frac{\partial f}{\partial s}(u), \frac{\partial f}{\partial s}(u) \rangle =: E(p)$$

$$g_{12}(u) = g_{21}(u) = \langle \frac{\partial f}{\partial s}(u), \frac{\partial f}{\partial t}(u) \rangle =: F(p)$$

$$g_{22}(u) = \langle \frac{\partial f}{\partial t}(u) \frac{\partial f}{\partial t}(u) \rangle =: G(p)$$

Definition: Sei $S \subset \mathbf{R}$ reguläre Fläche, $p \in S$ und $<,>$ das Standardskalarprodukt des $\mathbf{R}^3$. Die Bilinearform

$$II_p : T_pS \times T_pS \to \mathbf{R}$$

die durch die Matrix $(h)_{ij}$ dargestellt wird, heißt *zweite Fundamental-*

4

form.

$$h_{11}(u) = \langle \frac{\partial^2 f}{\partial s^2}(u), N(p) \rangle =: l(p)$$

$$h_{12}(u) = h_{21}(u) = \langle \frac{\partial^2 f}{\partial s \partial t}, N(p) \rangle =: m(p)$$

$$h_{22} = \langle \frac{\partial^2 f}{\partial t^2}, N(p) \rangle =: n(p)$$

Mit Hilfe der Fundamentalformen lässt sich jetzt die Gaußkrümmung definieren.

Definition: Die *Gaußkrümmung* von S im Punkt p ist

$$K(p) := \frac{ln - m^2}{EG - F^2}(p)$$

Theorem: Sei (x, y) ein Koordinatensystem von einer Umgebung von $p \in S \subset \mathbf{R}^3$. Dann gilt:

$$4(EG - F^2)^2 K = E(\frac{\partial E}{\partial y}\frac{\partial G}{\partial y} - 2\frac{\partial F}{\partial x}\frac{\partial G}{\partial y} + (\frac{\partial G}{\partial x})^2)$$

$$+F(\frac{\partial E}{\partial x}\frac{\partial G}{\partial y} - \frac{\partial E}{\partial y}\frac{\partial G}{\partial x} - 2\frac{\partial E}{\partial y}\frac{\partial F}{\partial y} + 4\frac{\partial F}{\partial x}\frac{\partial F}{\partial y} - 2\frac{\partial F}{\partial x}\frac{\partial g}{\partial x})$$

$$+G(\frac{\partial E}{\partial x}\frac{\partial G}{\partial x} - 2\frac{\partial E}{\partial x}\frac{\partial F}{\partial y} + (\frac{\partial E}{\partial y})^2)$$

$$-2(EG - F^2)(\frac{\partial^2 E}{\partial y^2} - 2\frac{\partial^2 F}{\partial x \partial y} + \frac{\partial^2 G}{\partial x^2})$$

Beweis: Sei $f : \mathbf{R}^2 \to \mathbf{R}^3$ die Inverse des Koordinatensystems (x,y). Um Platz zu sparen, notiere ich die meisten partiellen Ableitungen auf folgende Weise:

$$\frac{\partial^2 f}{\partial s \partial t} \quad \text{wird mit } f_{12} \text{ bezeichnet.}$$

Die Gaußkrümmung K ist durch

$$k = \frac{ln - m^2}{EG - F^2}$$

definiert. Es gilt:

$$l = \langle f_{11}, N \rangle = \langle f_{11}, \frac{f_1 \times f_2}{\| f_1 \times f_2 \|} \rangle$$

Für das Vektorprodukt von zwei Vektoren $v, w \in \mathbf{R}^3$ gilt:

$$\| v \times w \| = \sqrt{\| v \|^2 \| w \|^2 - \langle v, w \rangle^2}$$

So erhält man mit $E = f_{11}, G = f_{22}$ und $F = f_{12} = f_{21}$

$$l = \langle f_{11}, \frac{f_1 \times f_2}{\sqrt{EG - F^2}} \rangle$$

analog gilt

$$m = \langle f_{12}, \frac{f_1 \times f_2}{\sqrt{EG - F^2}} \rangle$$

$$n = \langle f_{22}, \frac{f_1 \times f_2}{\sqrt{EG - F^2}} \rangle$$

So bekommt man

$$K(EG - F^2)^2 = \langle f_{11}, f_1 \times f_2 \rangle \cdot \langle f_{22}, f_1 \times f_2 \rangle - \langle f_{12}, f_1 \times f_2 \rangle^2$$

$$= det \begin{pmatrix} f_{11} \\ f_1 \\ f_2 \end{pmatrix} \cdot det \begin{pmatrix} f_{22} \\ f_1 \\ f_2 \end{pmatrix}$$

$$-det \begin{pmatrix} f_{12} \\ f_1 \\ f_2 \end{pmatrix} \cdot det \begin{pmatrix} f_{12} \\ f_1 \\ f_2 \end{pmatrix}$$

Die f_{ij} bezeichnen hier die Reihen der jeweiligen Matrizen. Transponiert man die f_{ij}, so erhält man die Spalten der transponierten Matrizen. Zusammen mit $det(A) = det(A^t)$ folgt:

$$
\begin{aligned}
K(EG - F^2)^2 &= det\begin{pmatrix} f_{11} \\ f_1 \\ f_2 \end{pmatrix} \cdot det(f_{22}^t, f_1^t, f_2^t) \\
&\quad - det\begin{pmatrix} f_{12} \\ f_1 \\ f_2 \end{pmatrix} \cdot det(f_{12}^t, f_1^t, f_2^t) \\
&= det\left[\begin{pmatrix} f_{11} \\ f_1 \\ f_2 \end{pmatrix} \cdot (f_{22}^t, f_1^t, f_2^t)\right] \\
&\quad - det\left[\begin{pmatrix} f_{12} \\ f_1 \\ f_2 \end{pmatrix} \cdot (f_{12}^t, f_1^t, f_2^t)\right] \\
&= det\begin{pmatrix} \langle f_{11}, f_{22}\rangle & \langle f_{11}, f_1\rangle & \langle f_{11}, f_2\rangle \\ \langle f_1, f_{22}\rangle & E & F \\ \langle f_2, f_{22}\rangle & F & G \end{pmatrix} \\
&\quad - det\begin{pmatrix} \langle f_{12}, f_{12}\rangle & \langle f_{12}, f_1\rangle & \langle f_{12}, f_2\rangle \\ \langle f_{12}, f_1\rangle & E & F \\ \langle f_{12}, f_2\rangle & F & G \end{pmatrix} \\
&= det\begin{pmatrix} \langle f_{11}, f_{22}\rangle - \langle f_{12}, f_{12}\rangle & \langle f_{11}, f_1\rangle & \langle f_{11}, f_2\rangle \\ \langle f_1, f_{22}\rangle & E & F \\ \langle f_2, f_{22}\rangle & F & G \end{pmatrix} \\
&\quad - det\begin{pmatrix} 0 & \langle f_{12}, f_1\rangle & \langle f_{12}, f_2\rangle \\ \langle f_{12}, f_1\rangle & E & F \\ \langle f_{12}, f_2\rangle & F & G \end{pmatrix}
\end{aligned}
$$

Aus der Definition von E, F, G folgt (wobei $E_1 = \frac{\partial E}{\partial s}$ usw)

$$\langle f_{11}, f_1 \rangle = \frac{1}{2}E_1$$
$$\langle f_{12}, f_1 \rangle = \frac{1}{2}E_2$$
$$\langle f_{22}, f_2 \rangle = \frac{1}{2}G_2$$
$$\langle f_{12}, f_2 \rangle = \frac{1}{2}G_1$$
$$\langle f_{11}, f_2 \rangle = F_1 - \frac{1}{2}E_2$$
$$\langle f_{22}, f_1 \rangle = F_2 - \frac{1}{2}G_1$$

Aus der vierten und fünften Gleichung folgen

$$\frac{1}{2}G_{11} = \frac{\partial}{\partial s}\langle f_{12}, f_2 \rangle = \langle f_{121}, f_2 \rangle + \langle f_{12}, f_{21} \rangle$$
$$F_{12} - \frac{1}{2}E_{22} = \frac{\partial}{\partial t}\langle f_{11}, f_2 \rangle = \langle f_{112}, f_2 \rangle + \langle f_{11}, f_{22} \rangle$$

Wenn man die erste Gleichung von der zweiten subtrahiert, bekommt man

$$\langle f_{12}, f_{22} \rangle - \langle f_{12}, f_{12} \rangle = -\frac{1}{2}G_{11} + F_{12} - \frac{1}{2}E_{22}$$

Letztendlich bekommt man

$$K(EG - F^2)^2 = det \begin{pmatrix} -\frac{1}{2}G_{11} + f_{12} - \frac{1}{2}E_{22} & \frac{1}{2}E_1 & F_1 - \frac{1}{2}E_2 \\ F_2 - \frac{1}{2}G_1 & E & F \\ \frac{1}{2}G_2 & F & G \end{pmatrix}$$

$$-det \begin{pmatrix} 0 & \frac{1}{2}E_2 & \frac{1}{2}G_1 \\ \frac{1}{2}E_2 & E & F \\ \frac{1}{2}G_1 & F & G \end{pmatrix}$$

$$= (\frac{1}{2}G_{11} + F_{12} - \frac{1}{2}E_{22})EG$$
$$+\frac{1}{2}E_1 F \frac{1}{2}G_2$$
$$+(F_1 - \frac{1}{2}E_2)(F_2 - \frac{1}{2}G_1)F$$
$$-\frac{1}{2}G_2 E(F_1 - \frac{1}{2}E_2)$$
$$-F^2(-\frac{1}{2}G_{11} + F_{12} - \frac{1}{2}E_{22})$$
$$-G(F_2 - \frac{1}{2}G_1)\frac{1}{2}E_1$$
$$-\frac{1}{2}E_2 F \frac{1}{2}G_1$$
$$-\frac{1}{2}G_1 \frac{1}{2}E_2 F$$
$$+\frac{1}{2}G_1 E \frac{1}{2}G_1$$
$$+G\frac{1}{2}E_2 \frac{1}{2}E_2$$

$$\begin{aligned}
= \ & E(\frac{1}{4}E_2G_2 - \frac{1}{2}F_1G_2 + \frac{1}{2}(G_1)^2) \\
& + F(\frac{1}{4}E_1G_2 - \frac{1}{2}E_2G_1 + \frac{1}{4}E_2G_1 - \frac{1}{2}E_2F_2 + F_1F_2 - \frac{1}{2}F_1G_1) \\
& + G(\frac{1}{4}E_1G_1 - \frac{1}{2}E_1F_2 + \frac{1}{4}(E_2)^2) \\
& - \frac{1}{2}(EG - F^2)(E_{22} - 2F_{12} + G_{11})
\end{aligned}$$

Hieraus folgt die Behauptung

$\square$

Kapitel 3

Die Geodätische

Definition: Eine Kurve

$$\gamma : I \to S$$

auf einer regulären Fläche S im $\mathbf{R}^3$ heißt *Geodätische*, falls

$$\ddot{\gamma} \in N_{\gamma(t)}S, t \in I$$

Proposition:

Ist γ eine Geodätische, dann ist $\mid \dot{\gamma}(t) \mid$ konstant.

Beweis:

$$\frac{d}{dt} \mid \dot{\gamma}(t) \mid^2 = \frac{d}{dt}\langle\dot{\gamma}(t), \dot{\gamma}(t)\rangle = 2\langle\dot{\gamma}(t), \ddot{\gamma}(t)\rangle = 0 \qquad \square$$

Eine Geodätische ist immer proportional zur Bogenlänge parametrisiert.

Auf einer wegzusammenhängenden Fläche kann man einen Abstand einführen:

$$d(p,q) := \inf\{L(\gamma); \gamma : [a,b] \to S; \gamma(a) = p, \gamma(b) = q\}$$

Lokal sind Geodätische kürzeste Verbindungen. Ist $S \subset \mathbf{R}^3$ reguläre Fläche, $p \in S$. Dann existiert eine offene Umgebung $U \subset S$ von q, so dass jeder Punkt $q \in U$ durch eine in U liegende Geodätische mit p verbunden werden kann. Diese ist eine kürzeste Verbindung, das heißt, sie realisiert $d(p,q)$. Diese Feststellungen dienen allerdings nur der Anschauung und werden im folgenden nicht verwendet.

Jetzt lässt sich ein "geodätischer Kreis" $C(\rho)$ auf der Fläche S definieren. Dieser Kreis besteht aus den Endpunkten von Geodätischenstücken der Länge ρ, die in p starten. Mit Hilfe solch eines Kreises kann man die Gaußkrümmung der Fläche S im Punkt p bestimmen. Zuerst definiere ich aber die Exponentialabbildung, um eine Parametrisierung für so einen Kreis zu bekommen.

Definition: Sei $v \in T_pS$ ein Vektor, $p \in S$ und

$$\gamma : [0,1] \to M$$

eine Geodätische, die folgende Eigenschaften hat:

$$\gamma(0) = p, \frac{d\gamma}{dt}(0) = v$$

Dann ist

$$\exp(v) = exp_p(v) = \gamma(1).$$

Die Geodätische γ kann jetzt mit $\gamma(t) = exp(tv)$ beschrieben werden. Identifiziert man den Tangentialraum $T_v(T_pS)$ mit T_pS an der Stelle

$v \in T_pS$, so erhält man eine induzierte Abbildung

$$(\exp_p)_{v*} : T_pS \to T_{\exp_p(v)}S$$

und

$$(\exp_q)_{0*} : T_pS \to T_pS$$

ist die Identität.

Um eine Kurve c in T_pS mit $\frac{dc}{dt}(0) = v \in T_pS$ zu bekommen, kann man $c(t) = tv$ setzen. Dann ist $\exp_p \circ c(t) = \exp_p(tv)$ die Geodätische mit Tangentialvektor v zur Zeit 0. Also:

$$(\exp_p)_{0*}(v) = \frac{d}{dt}\mid_{t=0} \exp(c(t)) = v$$

Die Exponentialabbildung bildet Geradenstücke der Länge $\parallel v \parallel$, $v \in T_pS$, die in $0 \in T_pS$ beginnen, längenerhaltend auf Geodätischenstücke ab, die in $p \in S$ beginnen. Für Flächen im $\mathbf{R}^3$ lässt sich das schnell nachvollziehen. Sei $v \in T_pS$.

$$\exp(tv) = \gamma(t)$$

$$\gamma : [0,1] \to S$$

$$\gamma(0) = p \, , \, \frac{d\gamma}{dt}(0) = v$$

ist Geodätische. Berechnet man jetzt die Länge der Geodätischen, so erhält man:

$$L(\gamma) = \int_0^1 \parallel \frac{d\gamma(t)}{dt} \parallel dt$$

Für $t = 1$ gilt $\parallel \frac{d\gamma(t)}{dt} \parallel = \parallel v \parallel$. Für Geodätische habe ich aber gezeigt, dass $\| \frac{d\gamma(t)}{dt} \|$ konstant ist. So folgt

$$L(\gamma) = \int_0^1 \| v \| \, dt = \| v \|$$

Betrachte jetzt die Menge

$$U_p = \{\exp_p(v) : \| v \| = k\}$$

Dies ist ein geodätischer Kreis.

In U_p treffen die Geodätischen durch p senkrecht auf die Hyperflächen. Sei S Fläche im $\mathbf{R}^3$, $v : \mathbf{R} \to T_pS$ glatte Kurve mit $\| v(t) \| = k$ konstant. Dann beschreibt $v(t)$ einen Kreis auf T_pS. Sind $(s,t) \in T_pS$, dann gilt für festes t

$$\exp_p(s, v(t))$$

ist eine Geodätische durch p, die auf U_p trifft.

$$\frac{\partial \exp_p}{\partial s}(s, v(t))$$

ist die Richtungsableitung der Geodätischen und

$$\frac{\partial \exp_p}{\partial t}(s, v(t))$$

die Richtungsableitung der Kreisbewegung.

Lemma: (*Gauß-Lemma*) In U_p gilt:.

$$\langle \frac{\partial \exp_p}{\partial s}(s, v(t)), \frac{\partial \exp_p}{\partial t}(s, v(t)) \rangle = 0$$

In der Konstruktion im nächsten Kapitel wird $\frac{\partial}{\partial r}$ dann $\frac{\partial \exp_p}{\partial s}(s, v(t))$

und $\frac{\partial}{\partial \varphi}$ dann $\frac{\partial \exp_p}{\partial t}(s, v(t))$ entsprechen.

Für das Gauß-Lemma gibt es mehrere Beweise. Da diese aber einige weitere Eigenschaften der Geodätischen mit einbeziehen und daher längere Rechnungen erfordern, verweise ich hier auf Spivak, M.: Differential Geometry, S. 456ff und Kühnel, W.: Differentialgeometrie, S.197f (wichtig ist hier auch S.195).

Kapitel 4

Die Formel von Bertrand und Puiseux

Proposition: (*Bertrand und Puiseux*) Sei $L(C(p))$ der Umfang des "geodätischen Kreises" vom Radius ρ um $p \in S$. Dann gilt für die Gaußkrümmung:

$$K(p) = \lim_{\rho \to 0} 3 \cdot \frac{2\pi\rho - L(C(p))}{\pi\rho^3}$$

Um die Proposition zu beweisen, führe ich als erstes ein spezielles Koordinatensystem auf der Fläche S ein. Sei also $p \in S$ und $\exp(U)$ eine Umgebung von p, wobei $U \subset T_pS$ eine Umgebung von $0 \in T_pS$ ist, auf der exp eindeutig definiert ist. Indem man eine Orthogonalbasis für T_pS wählt, identifiziert man T_pS mit dem $\mathbf{R}^2$. Führt man auf T_pS (ohne einen Schlitz) Polarkoordinaten ein, so erhält man ein Koordinatensystem $(r, \varphi) = (\rho, \phi) \circ exp^{-1}$ auf $\exp(U)$ (ohne einen geodätischen Schlitz). Diese Koordinaten nennt man auch geodätische Polarkoordinaten. Hier ist ρ so gewählt, das für Vektoren $v \in T_pS$ mit Norm 1

17

$\rho = 1$. So folgt für die erste Fundamentalform:

$$g_{11} = \| \frac{\partial}{\partial r} \|^2 = 1$$

das Gauß-Lemma besagt, dass

$$g_{12} = g_{21} = \langle \frac{\partial}{\partial r}, \frac{\partial}{\partial \varphi} \rangle = 0$$

wobei r hier eine Koordinate für die Geodätische ist. So beschreibt $\frac{\partial}{\partial r}$ also die Richtung der Geodätischen.

$$g_{22} = G = \langle \frac{\partial}{\partial \varphi}, \frac{\partial}{\partial \varphi} \rangle$$

Jetzt hat die lange Formel für die Gaußkrümmung

$$4(EG - F^2)^2 K = E(\frac{\partial E}{\partial y}\frac{\partial G}{\partial y} - 2\frac{\partial F}{\partial x}\frac{\partial G}{\partial y} + (\frac{\partial G}{\partial x})^2)$$

$$+F(\frac{\partial E}{\partial x}\frac{\partial G}{\partial y} - \frac{\partial E}{\partial y}\frac{\partial G}{\partial x} - 2\frac{\partial E}{\partial y}\frac{\partial F}{\partial y} + 4\frac{\partial F}{\partial x}\frac{\partial F}{\partial y} - 2\frac{\partial F}{\partial x}\frac{\partial g}{\partial x})$$

$$+G(\frac{\partial E}{\partial x}\frac{\partial G}{\partial x} - 2\frac{\partial E}{\partial x}\frac{\partial F}{\partial y} + (\frac{\partial E}{\partial y})^2)$$

$$-2(EG - F^2)(\frac{\partial^2 E}{\partial y^2} - 2\frac{\partial^2 F}{\partial x \partial y} + \frac{\partial^2 G}{\partial x^2})$$

nur noch folgende Form.

$$4G^2 K = (\frac{\partial G}{\partial r})^2 - 2G\frac{\partial^2 G}{\partial r^2}$$

daraus folgt

$$K = -\frac{1}{\sqrt{G}}\frac{\partial^2 G}{\partial r^2} \tag{4.1}$$

Für die folgenden Überlegungen ist es hilfreich, G als Funktion von ρ und ϕ auszudrücken. Setze also:

$$g = G \circ \exp \circ P^{-1}$$

wobei $P : T_pS - Schlitz \to (0,\delta] \times (0,2\pi)$ und $P = (\rho,\phi)$, so dass $g(\rho_0,\phi_0) = G(\exp(v))$, wobei $v \in T_pS$ Polarkoordinaten (ρ_0,ϕ_0) hat. Mit den selben Werten für $(\rho,0)$ und $(\rho,2\pi)$ ist g auf $(0,\delta] \times [0,2\pi]$ definiert.

Das Verhalten von g nahe $(0,\phi)$ ist für das Problem interessant und bedarf einer näheren Untersuchung. Dazu werden Abstände auf S und T_pS verglichen. Für T_pS wurde eine Basis gewählt. So hat man hier ein inneres Produkt $<,>_p$. Somit hat man auch eine Norm und eine Metrik auf T_pS. Im folgenden bezeichnen v, w Elemente von T_pS und X_v, Y_v Tangentialvektoren aus $T_v(T_pS)$. Für jedes $X_v \in T_pS$ gibt es eine eindeutige Norm $||| X_v |||$. Da $\exp_* : T_0(T_pS) \to T_pS$ die Identität ist, wenn man $T_0(T_pS)$ mit T_pS identifiziert, gilt:

$$||| X_0 ||| = || \exp_*(X_0) ||_p, X_0 \in T_0(T_pS)$$

Für $\epsilon > 0$ folgt für $v \in T_pS$ nahe bei 0 und $X_v \in T_v(T_pS)$ mit Einheitsnorm $||| \cdot |||$

$$| ||| X_v ||| - || \exp_*(X_v) ||_{\exp(v)} | < \varepsilon$$

so dass für jedes $Y_v \in T_v(T_pS)$ gilt

$$\big|\,\|\mid Y_v \mid\|\, - \,\| \exp_*(Y_v) \,\|_{\exp(v)}\big| < \varepsilon \cdot \|\mid Y_v \mid\|$$

Bemerkt man, dass

$$\exp_*\!\left(\frac{\partial}{\partial \phi}\,|_v\right) = \frac{\partial}{\partial \varphi}\,|_{\exp(v)}$$

($\exp_*$ ist ja gerade die Identität) hat man

$$\big|\,\|\mid \frac{\partial}{\partial \phi}\,|_v\mid\| \,-\, \| \frac{\partial}{\partial \varphi}\,|_{\exp(v)}\|\,\big| < \varepsilon \cdot \|\mid \frac{\partial}{\partial \phi}\,|_v\mid\| \qquad (4.2)$$

falls v klein genug ist. Außerdem gilt wegen der Eigenschaften der Polarkoordinaten

$$\|\mid \frac{\partial}{\partial \phi}\,|_v\mid\| = \| v \|_p = \rho(v)$$

Bemerke, dass

$$\sqrt{g(\rho,\phi)} = \sqrt{G(\exp(v))} = \sqrt{\langle \frac{\partial}{\partial \phi}\exp(v), \frac{\partial}{\partial \phi}\exp(v)\rangle} = \| \frac{\partial}{\partial \varphi}\,|_{\exp(v)}\|$$

Dividiert man jetzt alle Terme von Gleichung (4.2) durch ρ, so erhält man

$$\big|\, 1 - \frac{\sqrt{g(\rho,\phi)}}{\rho}\,\big| < \varepsilon, \text{ für alle } \rho \text{ genügend klein.}$$

Da das für alle $\varepsilon > 0$ gilt, gilt:

$$\sqrt{g(\rho,\phi)} = \rho + o(\rho) \qquad (4.3)$$

Hier ist $o(\rho)$ eine Funktion auf $(0, \delta] \times [0, 2\pi]$, so dass

$$\lim_{\rho \to 0} \frac{o(\rho)}{\rho} \to 0$$

Offensichtlich bleibt $\sqrt{g}$ auf $[0, \delta] \times [0, 2\pi]$ stetig, wenn man

$$\sqrt{g}(0, \phi) = 0$$

definiert. Jetzt folgt direkt aus Gleichung (4.3), dass

$$\frac{\partial \sqrt{g}}{\partial \rho}(0, \phi) = 1 \qquad\qquad (4.4)$$

Letztendlich sollte $\frac{\partial \sqrt{g}}{\partial \rho}$ auf $[0, \delta] \times [0, 2\pi]$ stetig sein. Dafür muss man noch ein wenig arbeiten. Aus der Gleichung (4.1) folgt auf $(0, \delta] \times [0, 2\pi]$

$$\frac{\partial^2 \sqrt{g}}{\partial \rho^2} = -\sqrt{g}(\rho, \phi) K(\exp(\rho, \phi))$$

Also

$$\frac{\partial^2 \sqrt{g}}{\partial \rho^2}(\rho, \phi) \to 0 \qquad \text{für } \rho \to 0,$$

da $-\sqrt{g}(\rho, \phi) \to 0$. Außerdem ist $\frac{\partial^2 \sqrt{g}}{\partial \rho^2}$ beschränkt. Jetzt hat man für $\rho > 0$

$$\frac{\partial \sqrt{g}}{\partial \rho}(\rho, \phi) = \frac{\partial \sqrt{g}}{\partial \rho}(\delta, \phi) - \int_\rho^\delta \frac{\partial^2 \sqrt{g}}{\partial \rho^2}(t, \phi) dt$$

hieraus folgt, dass

$$\lim_{\rho \to 0} \frac{\partial \sqrt{g}}{\partial \rho}(\rho, \phi)$$

existiert. Jetzt muss man einen Satz aus der Analysis zur Hilfe nehmen.

Satz: f sei stetig in a und $f'(x)$ existiere für alle x in einem Intervall, das a enthält, außer vielleicht für $x = a$. Weiterhin existiere $\lim_{x \to a} f'(x)$. Dann existiert $f'(a)$ und

$$f'(a) = \lim_{x \to a} f'(x).$$

Beweis: Nach Definition gilt

$$f'(a) = \lim_{h \to 0} \frac{f(a + h) - f(a)}{h}$$

Die Funktion f ist stetig auf $[a, a + h]$ und differenzierbar auf $(a, a + h)$, falls h klein genug ist. Nach dem Mittelwertsatz gibt es ein ξ_h in (a,a+h), so dass

$$\frac{f(a + h) - f(a)}{h} = f'(\xi_h)$$

Doch wenn h gegen 0 läuft, nähert sich auch ξ_h a an. Da $\lim_{x \to 0}$ existiert, folgt

$$f'(a) = \lim_{h \to 0} \frac{f(a + h) - f(a}{h} = \lim_{h \to 0} f'(\xi_h) = \lim_{x \to a} f'(x) \qquad \square$$

Es folgt, dass der Limes $\frac{\partial \sqrt{g}}{\partial \rho}(0, \phi) = 1$ ist. Mit der obigen Gleichung (4.4) für $\frac{\partial \sqrt{g}}{\partial \rho}(\rho, \phi)$ folgt außerdem

$$
\begin{aligned}
\int_0^\delta -\frac{\partial^2 \sqrt{g}}{\partial \rho^2}(\rho, \phi) d\rho &= \lim_{\varepsilon \to 0} \int_\varepsilon^\delta -\frac{\partial^2 \sqrt{g}}{\partial \rho^2}(\rho, \phi) d\rho \\
&= \lim_{\varepsilon \to 0} \frac{\partial \sqrt{g}}{\partial \rho}(\varepsilon, \phi) - \frac{\partial \sqrt{g}}{\partial \rho}(\delta, \phi) \\
&= 1 - \frac{\partial \sqrt{g}}{\partial \rho}(\delta, \phi)
\end{aligned}
$$

Zusammenfassend ist $\sqrt{g}$ also definiert auf $[0,\delta] \times [0,2\pi]$ und es gilt:

$$\sqrt{g}(\rho,0) = \sqrt{g}(\rho,2\pi)$$

für $\rho \in [0,\delta]$

$$\sqrt{g}(0,\phi) = 0 \qquad (4.5)$$

$$\frac{\partial \sqrt{g}}{\partial \rho}(0,\phi) = \lim_{\rho \to 0} \frac{\partial \sqrt{g}}{\partial \rho}(\rho,\phi) = 1 \qquad (4.6)$$

Außerdem gilt auf $(0,\delta) \times [0,2\pi]$

$$\frac{\partial^2 \sqrt{g}}{\partial \rho^2}(\rho,\phi) = -\sqrt{g}(\rho,\phi) \cdot K(\exp(\rho,\phi))$$

Das zeigt:

$$\frac{\partial^2 \sqrt{g}}{\partial \rho^2}(0,\phi) = \lim_{\rho \to 0} \frac{\partial^2 \sqrt{g}}{\partial \rho^2}(\rho,\phi) = 0$$

Wenn man differenziert erhält man:

$$\frac{\partial^3 \sqrt{g}}{\partial \rho^3}(0,\phi) = -\frac{\partial \sqrt{g}}{\partial \rho} \cdot K(\exp(\rho,\phi)) - \sqrt{g}(\rho,\phi)\frac{\partial K(\exp(\rho,\phi))}{\partial \rho}(\rho,\phi)$$

$\frac{\partial K(\exp(\rho,\phi))}{\partial \rho}$ macht Sinn, auch für $\rho = 0$. Es ist eine Richtungsableitung von $K(\exp(\rho,\phi))$.

Benutzt man Gleichung (6.0.1)und (6.0.2), bekommt man jetzt:

$$\frac{\partial^3 \sqrt{g}}{\partial \rho^3}(0,\phi) = \lim_{\rho \to 0} \frac{\partial^3 \sqrt{g}}{\partial \rho^3}(\rho,\phi) = -K(\exp(0,\phi)) = -K(p)$$

So bekommt man eine Taylordarstellung

$$\sqrt{g}(\rho,\phi) = \rho - \frac{K(p)\rho^3}{6} + o(\rho^3)$$

23

Es muss noch gezeigt werden, dass

$$\lim_{\rho \to 0} \frac{R(\rho)}{\rho^3} \to 0$$

für das Restglied

$$R(\rho) = \sqrt{g}(\rho, \phi) - \rho + \frac{K(p)\rho^3}{6}$$

Um hier weiter zu kommen, wendet man eine verallgemeinerte Form des Mittelwertsatzes an.

Satz: f und g seien stetig auf $[a, b]$ und differenzierbar auf (a, b). Dann gibt es ein $x \in (a, b)$, so dass

$$[f(b) - f(a)]g'(x) = [g(b) - g(a)]f'(x).$$

Falls $g'(x) \neq 0$ und $g(b) \neq g(a)$ lässt sich die Gleichung wie folgt schreiben:

$$\frac{f(b) - f(a)}{g(b) - g(a)} = \frac{f'(x)}{g'(x)}$$

Beweis: Siehe zum Beispiel Königsberger: Analysis 1, S.149.

Diesen Satz wendet man jetzt dreimal an und erhält im ersten Schritt ein $\bar{\rho}$ mit $0 < \bar{\rho} < \rho$, im zweiten Schritt ein $\bar{\bar{\rho}}$ mit $0 < \bar{\bar{\rho}} < \bar{\rho}$ und im letzten Schritt ein $\bar{\bar{\bar{\rho}}}$ mit $0 < \bar{\bar{\bar{\rho}}} < \bar{\bar{\rho}}$.

$$\lim_{\rho \to 0} \frac{\sqrt{g}(\rho,\phi) - \rho + K(p)\rho^3/6}{\rho^3} = \lim_{\rho \to 0} \frac{\frac{\partial \sqrt{g}}{\partial \rho}(\bar{\rho} - 1 + K(p)\bar{\rho}^2/2)}{3\bar{\rho}^2}$$

$$= \lim_{\rho \to 0} \frac{\frac{\partial^2 \sqrt{g}}{\partial \rho^2}(\bar{\bar{\rho}} + K(p)\bar{\bar{\rho}})}{6\bar{\bar{\rho}}}$$

$$= \lim_{\rho \to 0} \frac{\frac{\partial^3 \sqrt{g}}{\partial \rho^3}(\bar{\bar{\bar{\rho}}},\phi) + K(p)}{6} = 0$$

Beweis: (*Bertrand und Puiseux*)

$$L(C(p)) = \int_0^{2\pi} \| \frac{\partial}{\partial \varphi} |_{\exp(\rho,\phi)} \| \, d\phi$$

$$= \int_0^{2\pi} \sqrt{g}(\rho,\phi) d\phi$$

$$= \int_0^{2\pi} (\rho - \frac{K(p)\rho^3}{6} d\phi + \int_0^{2\pi} o(\rho^3) d\phi$$

$$= 2\pi(\rho - \frac{K(p)\rho^3}{6}) + o(\rho^3)$$

$$\Rightarrow K(p) = 3\frac{2\pi\rho - L(C(p))}{\pi\rho^3} + \frac{o(\rho^3)}{\rho^3}$$

Bedenkt man, dass $\lim_{\rho \to 0} o(\frac{\rho^3}{\rho^3}) = 0$, so folgt die Formel. $\quad \square$

Man kann die Gaußkrümmung nicht nur berechnen, indem man den Umfang eines Kreises in der Ebene mit dem Umfang eines geodätischen Kreises vergleicht, sondern auch, indem man den Flächeninhalt der zwei Kreise miteinander vergleicht.

Proposition: (*Diquet*) Sei $A(C(\rho))$ die Fläche, die durch den geodätischen Kreis vom Radius ρ um den Punkt p eingeschlossen wird. Dann gilt:

$$K(p) = \lim_{\rho \to 0} 12 \frac{\pi \rho^2 - A(c(\rho))}{\pi \rho^4}$$

Beweis: Bemerkt man, dass $\sqrt{det((g)_{ij})} = \sqrt{g}(\rho, \varphi)$, so folgt

$$
\begin{aligned}
A(C(\rho)) &= \int_{\text{eingeschlossenes Gebiet}} dV \\
&= \int_0^{2\pi} \int_0^{\rho} \sqrt{g}(\rho, \phi) d\rho d\phi \\
&= \int_0^{2\pi} \int_0^{\rho} (\rho - \frac{K(p)\rho^3}{6}) d\rho d\phi + \int_0^{2\pi} \int_0^{\rho} o(\rho^3) d\rho d\phi \\
&= 2\pi (\frac{\rho^2}{2} - \frac{K(p)\rho^4}{24}) + o(\rho^4)
\end{aligned}
$$

Hieraus folgt die Behauptung.

$\square$

Kapitel 5

Einleitung

Der Starrheitssatz von Avez erlaubt Aussagen über die Gestalt von Hyperflächen, für deren Weingartenabbildung A gilt $\mathrm{Rang}(A) \geq 3$. Es bleibt die Frage offen, wie Hyperflächen aussehen, für die $\mathrm{Rang}(A) < 3$ gilt. Im entarteten Fall Krümmung $K \equiv 0$ gilt $\mathrm{Rang}(A) \leq 1$. Für Flächen im $\mathbb{R}^3$ gibt es den Satz von Hartman - Nirenberg, der besagt, dass vollständige Flächen im $\mathbb{R}^3$ verallgemeinerte Zylinder sind. Ende der achtziger Jahre haben Gromoll und Dajczer gezeigt, dass der Satz von Hartman - Nirenberg auch für Hyberflächen im $\mathbb{R}^{n+1}$ gilt. Gromoll und Dajczer verwenden in ihrem Beweis sehr allgemeine Argumente. Der vorliegende Text beschäftigt sich auch mit der Verallgemeinerung des Satzes von Hartman - Nirenberg. Allerdings werden anschaulichere Argumente verwendet.

Kapitel 6

Hyperflächen mit verschwindender Krümmung

Die Vorraussetzung Krümmung $K_M \equiv 0$ ist eine starke Bedingung für die Mannigfaltigkeit M^n. Sie erlaubt einige Aussagen über die Gestalt der Mannigfaltigkei M^n. Sei $F : M^n \hookrightarrow \mathbb{R}^{n+1}$, M^n vollständige Hyperfläche und $K_M \equiv 0$. Im folgenden betrachten wir $U = \{p \in M^n \mid A_{|p} \neq 0\}$. Aus der Vorraussetzung $K \equiv 0$ folgt für den Krümmungstensor $R \equiv 0$. Mit Hilfe der induzierten Metrik g lässt sich eine Aussage über die Weingartenabbildung A treffen.

Lemma 6.0.1.
$$K_M \equiv 0 \Rightarrow \text{Rang}(A) = 1$$

Beweis: Sei $K_M \equiv 0$. Angenommen $Rang(A) > 1$. Es folgt, dass es mindestens zwei Eigenwerte $\lambda, \mu \in \mathbb{R} \backslash \{0\}$ und zwei linear unabh'angige Eigenvektoren $X, Y \in T_p M$ gibt mit

$$AX = \lambda X \text{ und } AY = \mu Y.$$

Dann gibt es für $a, b \in \mathbb{R} \setminus \{0\}$ ein $Z \in T_p M$ mit

$$Z := aX + bY.$$

Jetzt folgt aus der Gaußgleichung:

$$
\begin{aligned}
\mathrm{R}(X,Y)Z &= g(Y, AZ)AX - g(X, AZ)AY \\
&= g(Y, AbY)AX - g(X, AaX)AY \\
&+ g(Y, AaX) - g(X, AbY)AY \\
&= \lambda\mu b \cdot g(Y,Y)X - \lambda\mu a \cdot g(X,X)Y \\
&+ \lambda^2 a \cdot g(Y,X)X - \mu^2 b \cdot g(X,Y)Y
\end{aligned}
$$

Da X und Y linear unabhngige Eigenvektoren sind, ist $X \perp Y$. Es folgt $g(X,Y) = 0$. Damit ist

$$0 = \mathrm{R}(X,Y)Z = \underbrace{\lambda\mu b}_{\neq 0} \cdot \underbrace{g(Y,Y)}_{>0} X - \underbrace{\lambda\mu a}_{\neq 0} \cdot \underbrace{g(X,X)}_{>0} Y$$

Dies ist ein Widerspruch zur linearen Unabhängigkeit von X und Y.

$\square$

Es hat sich gezeigt, dass $\ker A$ sehr groß ist. Als nächstes sehen wir, dass $\ker A$ integrabel ist.

Lemma 6.0.2. *Es gibt lokale Integralfl´achen von* $\ker A$.

Beweis: Seien $X, Y \in C^\infty(\ker A)$. Man betrachte die folgenden zwei Gleichungen:

$$
\begin{aligned}
0 &= \nabla_X(AY) = \nabla_X AY + A\nabla_X Y \\
0 &= \nabla_Y(AX) = \nabla_Y AX + A\nabla_Y X
\end{aligned}
$$

Bilden der Differenz ergibt:

$$0 = \nabla_X AY - \nabla_Y AX + A[X,Y]$$

Die Codazzigleichung besagt aber:

$$\nabla_X AY - \nabla_Y AX = 0$$

Daher gilt $[X,Y] \in C^\infty(\ker A)$. Mit dem Satz von Frobenius folgt jetzt die Behauptung.

$\square$

Satz 6.0.3 (Frobenius). *Die notwendige und hinreichende Bedingung für die Existenz von lokalen Integralflächen $F : U \to M^n$, $U \subset \mathbb{R}^{n-1}$ offen, von $\ker A \subset TM^n$ ist*

$$\forall X, Y \in C^\infty(\ker A) \qquad : \qquad [X,Y] \in C^\infty(\ker A).$$

Die Weingartenabbildung A hat $\text{Rang}(A) = 1$. Es gibt also einen Eigenwert der verschieden von 0 ist. Betrachten wir ein Einheitsvektorfeld V mit $0 = A \cdot V - \lambda \cdot V$. Hierbei sei λ eine Funktion, die an keiner Stelle 0 wird. Kovariantes differenzieren liefert:

$$0 = \nabla_X A \cdot V + (A - \lambda)\nabla_X V - d_X \lambda \cdot V$$

Bildet man die induzierte Metrik g mit V, so folgt:

$$g(V, \nabla_X A \cdot V) + g((a - \lambda) \cdot V, \nabla_X \cdot V) - d_X \lambda \cdot |V|^2$$

Nach Vorraussetzung sind $|V|^2 = 1$ und $(A - \lambda)V = 0$. Es

30

folgt:

$$d_X \lambda = g(X, \nabla_V A \cdot V)$$

also grad$\lambda = \nabla_V A \cdot V$

Für $X, Y \in C^\infty(\ker A)$ gilt:

$$0 = \nabla_V(A \cdot X) = \nabla_V A \cdot X + A \cdot \nabla_V X$$

Damit folgt unter Berücksichtigung der Codazzigleichung:

$$0 = g(X, \nabla_V A \cdot Y) = g(\nabla_X A \cdot Y, V)$$

Es folgt insgesammt:

$$\forall X, Y \in C^\infty(\ker A) : \qquad \nabla_X A \cdot Y = 0$$

Halten wir das Ergebnis fest.

Lemma 6.0.4.

$$\forall X, Y \in C^\infty(ker A) : \qquad \nabla_X Y \in ker A$$

Als nächstes zeigen wir, dass die Integralflchen N^{n-1} von $ker A$ affine Unterräume in $\mathbb{R}^{n+1}$ sind.

Lemma 6.0.5. *Die Integralflächen N^{n-1} von* ker A *sind totalgeodtisch in $M^n \subset \mathbb{R}^{n+1}$.*

Beweis: Betrachte eine Geodätische

$$c : (-\delta, \delta) \to N^{n-1} \subset M^n$$

31

Dann gilt für die kovarriante Ableitung $\hat{\nabla}$ von N^{n-1}:

$$0 \;=\; \frac{\hat{\nabla}}{\mathrm{d}t}\dot{c}(t) = (\frac{\nabla}{\mathrm{d}t}\dot{c}(t))^{tan}$$

$$\Rightarrow 0 \;=\; \frac{\nabla}{\mathrm{d}t}\dot{c}(t) + \langle V_{|c(t)}, \frac{\nabla}{\mathrm{d}t}\dot{c}(t)\rangle \cdot V_{|c(t)}$$

Da $\frac{\nabla}{\mathrm{d}t}\dot{c}(t) \in \ker A$ und $V_{|c(t)} \in (\ker A)^{\perp}$, folgt:

$$\frac{\nabla}{\mathrm{d}t}\dot{c}(t) = 0$$

Es folgt also, dass c Geodtische in M^n ist.

$\square$

Lemma 6.0.6. *Die Integralflächen N^{n-1} von $\ker A$ sind affine Unterräume in $\mathbb{R}^{n+1}$.*

Beweis: Wir betrachten wieder die Geodätische c und verwenden das selbe Argument.

$$\frac{d}{\mathrm{d}t}((F \circ c)^{\cdot}(t)) = dF\frac{\nabla}{\mathrm{d}t}\dot{c} + \langle \nu_{|c(t)}, \frac{d}{\mathrm{d}t}(F \circ c)(t)\rangle \nu_{|c(t)}$$

$$= dF \cdot \frac{\nabla}{\mathrm{d}t}\dot{c} - \langle \underbrace{\frac{d}{\mathrm{d}t}\nu_{|c(t)}}_{=-dF \cdot A \cdot \dot{c}(t)}, dF \circ \dot{c}(t)\rangle \nu$$

$$= \underbrace{dF\frac{\nabla}{\mathrm{d}t}\dot{c}(t)}_{=0} + \underbrace{\langle A \cdot \dot{c}(t), \dot{c}(t)\rangle \nu}_{=0}$$

$$= 0$$

Geodtische in N^{n-1} sind Geraden in $\mathbb{R}^{n+1}$. Damit folgt die Behauptung. Die Integralflchen von $\ker A$ sind affine $\mathbb{R}^{n-1}$ in $\mathbb{R}^{n+1}$.

□

Betrachtet man eine Kurve

$$c : I \to U$$
$$\hat{c} = F \circ c$$

mit

$$\|\dot{c}\| = 1 \qquad \dot{c} \in (\ker A)^{\perp} = \operatorname{Im} A$$

so spannen $\dot{\hat{c}}(t)$ und $\nu_{|t}$ an jeder Stelle t eine Ebene auf. Ziel wird es sein zu zeigen, dass $span\{\dot{\hat{c}}(t), \nu_{|t}\}$ nicht von t abhängt. Da dies nicht offensichtlich ist, betrachten wir zunächst den zweidimensionalen Fall. So lassen sich einige Strategien zur Lösung des Problems veranschaulichen.

Kapitel 7

Der Satz von Hartman - Nirenberg

Satz 7.0.7. *(Hartman - Nirenberg) Jede vollständige Fläche $S \subset \mathbb{R}^3$ im dreidimensionalen Raum mit verschwindender Gaußkrümmung K ist ein verallgemeinerter Zylinder, dass heißt das Produkt von $\mathbb{R}$ und einer ebenen Kurve c.*

Nach Lemma 6.0.1, 6.0.2, 6.0.5 und 6.0.6 ist die Fläche S durch Geraden geblättert, die senkrecht auf einer Kurve stehen. Es bleibt zu zeigen, dass sich die Geraden nicht schneiden und die Kurve in einer Ebene liegt. Betrachten wir zunächst das Jacobifeld. Sei $c : I \to S$ eine Geodätische mit $c'(s) \in \ker A$ und $V_{|s}$ ein Einheitsnormalenfeld auf c in der Fläche, dass parallel verläuft, also

$$\frac{\nabla}{\partial s} V_{|s} = 0$$

Des weiteren gilt

$$V_{|s} \perp c'(s)$$

34

Es folgt für das Jacobifeld

$$Y_{|s} = y(s) \cdot V_{|s}$$

Leitet man kovariant ab, so folgt

$$\frac{\nabla}{\mathrm{d}s} Y_{|s} = y'(s) \cdot V_{|s} + \underbrace{y(s) \frac{\nabla}{\mathrm{d}s} V_{|s}}_{=0}$$

Ein weiteres mal kovariant ableiten ergibt

$$\frac{\nabla}{\mathrm{d}s} \frac{\nabla}{\mathrm{d}s} Y_{|s} = y'' \cdot V_{|s}$$

Betrachten wir jetzt die Jacobische Differentialgleichung und berücksichtigen dabei, dass im zweidimensionalen Fall $R(V_{|s}, c'(s))c'(s) = \kappa_{|c(s)} \cdot V_{|s}$ gilt.

$$\begin{aligned}
0 &= \frac{\nabla}{\mathrm{d}s} \frac{\nabla}{\mathrm{d}s} Y_{|s} + R(Y_{|s}, c'(s))c'(s) \\
&= y''(s) \cdot V_{|s} + y(s) \cdot \underbrace{R(V_{|s}, c'(s))c'(s)}_{=\kappa_{|c(s)} \cdot V_{|s}} \\
&= (y''(s) + \kappa_{|c(s)} \cdot y(s))V_{|s}
\end{aligned}$$

Es folgt

$$y''(s) + \kappa_{|c(s)} \cdot y(s) = 0$$

Einerseits folgt

$$\kappa = \frac{-y''}{y}$$

35

Andererseits folgt für $y(s)$, da $\kappa_{|c(s)} = 0$ nach Voraussetzung

$$y(s) = a + b \cdot s$$

An dieser Stelle muss $b = 0$ sein. Andernfalls hätte y eine Nullstelle bei $s = -\frac{a}{b}$. Dies würde zum Widerspruch führen, wenn man zeigen kann, dass $c(-\frac{a}{b}) \in U$. Betrachten wir Regelflächen. Die Fläche S lässt sich wie folgt parametrisieren.

$$F(s,t) = c(t) + s \cdot V(t).$$

Dabei gilt $\|V\| = 1$, $\|\dot{c}(t)\| = 1$ und $V_{|t} \perp \dot{c}(t)$. Man betrachte die Ableitungen.

$$\frac{\partial F}{\partial s} = V(t)$$

Für das Jacobifeld ergibt sich

$$Y_{|(s,t)} = \frac{\partial F}{\partial t} = \dot{c}(t) + s \cdot \dot{V}(t)$$

Um weitere Informationen "uber die Fläche zu erhalten berechnen wir die induzierte Metrik g.

$$g_{11} = 1 \qquad g_{12} = 0 \qquad g_{22} = 1 + 2s\langle \dot{c}(t) , \dot{V}(t)\rangle + s^2\langle \dot{V}(t) , \dot{V}(t)\rangle$$

Für die zweiten Ableitungen gilt

$$\frac{\partial^2 F}{\partial s^2} = 0 \qquad \frac{\partial^2 F}{\partial s \partial t} = \dot{V}(t) \qquad \frac{\partial^2 F}{\partial t^2} = \ddot{c}(t) + s \cdot \ddot{V}(t)$$

Jetzt folgt für die zweite Fundamentalform h

$$0 = \kappa \cdot det(g) = det(h) = -\langle \dot{V}(t), \nu_{|t} \rangle^2$$

Damit sind $\dot{V}(t)$ und $\dot{c}(t)$ linear abhängig, also $\dot{V}(t) \in \mathbb{R} \cdot \dot{c}(t)$. Man betrachte folgende Gleichung.

$$\dot{V} = a \cdot V + b \cdot (\dot{c} + s\dot{V})$$

Bildet man das Skalarprodukt mit V, so folgt

$$0 = a \cdot \|V\|^2 = a$$

Damit gilt

$$\dot{V} = b \cdot (\dot{c} + s \cdot \dot{V})$$

Umformen ergibt

$$b \cdot \dot{c} = (1 - bs) \cdot \dot{V} \qquad \forall (s, t)$$

Nach einer weiteren Umformung erhält man

$$b \cdot \dot{c} - \dot{V} = -bs \cdot \dot{V}$$

Differenzieren nach s ergibt

$$\frac{\partial}{\partial s} b \cdot \dot{c} - \dot{V} = 0$$

$$\frac{\partial}{\partial s} - b\dot{V}s = b \cdot \dot{V}$$

Damit ist $b \cdot \dot{V} = 0$ und daher $b = 0$ und $\dot{V} = 0$. Der Vektor V ist also konstant. Da $\dot{c} \perp V$ gilt

$$c(t_1) - c(t_0) \in V^{\perp} \qquad \forall t_0, t_1$$

oder mit anderen Worten liegt die Kurve c in einer Ebene, die senkrecht zu V liegt. Hier geht dei Vollständigkeit der Fläche ein. Wenn die Fläche nichtreguläre Punkte hat, dann hat $Y = \frac{\partial c}{\partial t} = \dot{c} + s \cdot \dot{V}(t)$ Nullstellen und $\dot{V} \neq 0$. Dies passiert zum Beispiel bei einem Kegel, bei dem sich die Geraden in der Spitze schneiden oder bei einer Schraubtorse, bei der sich die Geraden auf der Schraubenlinie schneiden.

Kapitel 8

Der Satz von Hartman - Nirenberg für Hyperflächen im $\mathbb{R}^{n+1}$

Satz 8.0.8. *(Verallgemeinerung von Hartman - Nirenberg, Gromoll und Dajczer 1990) Sei $F : M^n \looparrowright \mathbb{R}^{n+1}$ eine vollständige Hyperfläche und die Krümmung K_{M^n} vershwinde. Dann ist M^n ein verallgemeinerter Zylinder, dass heißt, dass die Hyperfläche M^n das Produkt von $\mathbb{R}^{n-1}$ und einer ebenen Kurve c ist.*

Nach Lemma 6.0.1, 6.0.2, 6.0.5 und 6.0.6 ist M^n durch affine $\mathbb{R}^{n-1}$ geblättert. An jeder Stelle t wird durch $\dot{c}(t)$ und $\nu_{|t}$ eine Ebene aufgespannt. Es bleibt zu zeigen, dass diese Ebene nicht von t abhängt. Im zweidimensionalen Fall werden Geraden betrachtet, um dieses Problem zu lösen. Dies scheint im allgemeinen Fall nicht möglich, da sich die Geraden in den Blättern drehen und schneiden könnten. Mit einem Trick lassen sich die Argumente aus dem zweidimensionalen Fall aber auf den allgemeinen Fall übertragen.

Definition 8.0.9. *$W \perp \dot{c}$ heißt Fermi - parallel längs c, $\|\dot{c}\| = 1$ genau* *dann, wenn*

$$0 = \frac{\nabla}{dt}W - \frac{\langle \frac{\nabla}{dt}W, \dot{c} \rangle}{\|\dot{c}\|^2}\dot{c}.$$

Die Kurve $c : I \to M \subset \mathbb{R}^{n+1}$ ist nach Bogenlänge parametrisiert und $c'(t)^\perp = \ker A_{|c(t)}$. Es soll $T_{c(t)}M^n$ mit $T_{c(t_0)}M^n$ identifiziert werden. Dabei ist $e_1(t_0), \ldots, e_n(t_0)$ ON - Basis von $T_{c(t_0)}M^n$, wobei $e_1(t_0) := c'(t_0)$ ist. Dazu verwenden wir den Fermi - Paralleltransport. Dabei ist $(e_j(t))_{j=1}^n$ ON - Basis längs c. Man betrachte dei Geodätischen

$$s \mapsto \gamma(s, t)$$

$$\gamma(s, t) = \exp_{|c(t)}\big(s \cdot \underbrace{\sum_{j=2}^n \xi_j e_j(t)}_{\in \ker A}\big)$$

$$\hat{\gamma}(s, t) := F \circ \gamma(s, t)$$

$$= F \circ c(t) + s \cdot \sum_{j=2}^n \xi_j \cdot dF_{|c(t)} \cdot e_j(t)$$

$$= \hat{c}(t) + s \cdot \sum_{j=2}^n \xi_j \cdot \hat{e}_j(t)$$

Über das Jacobifeld wissen wir

$$Y_{|(s,t)} := \frac{\partial}{\partial t}\gamma(s, t)$$

respektive

$$\hat{Y}_{|(s,t)} := dF_{|\gamma(s,t)} \cdot Y_{|(s,t)}$$

Die Jackobische Differentialgleichung liefert

$$\frac{\nabla}{ds}\frac{\nabla}{ds}Y_{|(s,t)} + \underbrace{R(Y_{|(s,t)}, \gamma'(s,t))\gamma'(s,t)}_{=0} = 0$$

Berücksichtigt man, dass $\exp_{c(t)}(0) = c(t)$, gilt

$$Y_{|(0,t)} = \frac{\partial}{\partial t}\gamma(0,t) = \frac{\partial}{\partial t}\dot{c}(t) = e_1(t)$$

wobei $V := e_1(t) \in (\ker A_{c(t)})^\perp$. Außerdem gilt

$$\begin{aligned}
\frac{\nabla}{\partial s}Y_{|(0,t)} &= (\frac{\nabla}{\partial s}\frac{\partial}{\partial t}\gamma(s,t))_{|s=0} \\
&= \frac{\nabla}{\partial t}(\frac{\partial}{\partial s}\gamma(s,t)_{|s=0}) \\
&= \frac{\nabla}{\partial t}(\sum_{j=2}^{n}\xi_j e_j(t)) \\
&= \sum_{j=2}^{n}\xi_j \cdot \frac{\nabla}{\partial t}e_j(t) \\
&= -\sum_{j=2}^{n}\xi_j\langle e_j(t),\frac{\nabla}{\partial t}\dot{c}(t)\rangle \underbrace{e_1(t)}_{=V}
\end{aligned}$$

$$-\sum_{j=2}^{n}\xi_j\langle e_j(t),\frac{\nabla}{\partial t}\dot{c}(t)\rangle e_1(t) \in (\ker A)^\perp$$

Im letzten Schritt geht ein, dass der Fermi - Transport verwendet wird. Nach Lemma 6.0.4 ist bereits bekannt, dass

$$\frac{\nabla}{\partial s}(\ker A_{|\gamma(s,t)}) = 0$$

respektive

$$\nabla_X V = 0$$

für das Einheitsvektorfeld $V \in (\ker A)^\perp$ und alle $X \in \ker A$. Es folgt für das Jacobifeld

$$Y_{|(s,t)} = (a(t)s + 1) \cdot V_{|\gamma(s,t)} \qquad (8.1)$$

wobei $a(t) = -\langle \sum_{j=2}^n \xi_j e_j(t), \frac{\nabla}{\partial t} \dot{c}(t) \rangle$. Wir nehmen an, dass für die gewählten Koeffizienten $(\xi_j)_{j=2}^n$ gilt $a(t_0) \neq 0$. Es gilt

$$(A - \lambda) \cdot V = 0$$

Daraus folgt

$$0 = (A - \lambda) \cdot Y_{|s,t} = (A - \lambda) \frac{\partial \gamma}{\partial t}$$

Einerseits folgt

$$0 = (\nabla_{\gamma'} A \cdot \dot{\gamma}) - (d_{\gamma'}\lambda) \cdot \dot{\gamma} + (A - \lambda) \frac{\nabla}{\partial s} \frac{\partial \gamma}{\partial t}$$

Andererseits ist

$$0 = A \cdot \gamma'$$

es folgt

$$0 = \nabla_{\dot{\gamma}} A \gamma' + A \cdot \frac{\nabla}{\partial t} \frac{\partial \gamma}{\partial s}$$

Bilden der Differenz ergibt

$$0 = (d_{\gamma'}\lambda) \cdot \dot{\gamma} + \lambda \cdot \frac{\nabla}{\partial s} \dot{\gamma}$$

Als nächstes bildet man das Skalarprodukt mit $\dot{\gamma}$.

$$0 = (\frac{\partial}{\partial s}\hat{\gamma}) \cdot \|\dot{\gamma}\|^2 + \hat{\gamma} \cdot \frac{\partial}{\partial s}(\frac{1}{2}\|\dot{\gamma}\|^2)$$

wobei $\hat{\gamma}(s,t) = \lambda \cdot \gamma(s,t)$. Ber"ucksichtigt man, dass nach Gleichung (8.1) $\|\dot{\gamma}(s,t)\|^2 = (1 + s \cdot a(t))^2$ folgt

$$0 = \frac{\partial}{\partial s}(\hat{\lambda} \cdot \|\dot{\gamma}\|)$$

überall wo $\|\dot{\gamma}\| \neq 0$. Mit anderen Worten ist

$$\lambda_{|\gamma(s,t)}|1 + s \cdot a(t)| = \lambda_{|c(t)} \neq 0$$

da $\lambda_{|c(t)} \neq 0$ nach Vorraussetzung. Es folgt, dass $1 + s \cdot a(t)$ auf $\Omega' \subset\subset \Omega$ von 0 weg beschränkt ist.

Insgesammt folgt $\frac{\nabla}{\partial t}\dot{c} = 0$ und für die Hyperflächengleichungen gilt

$$\frac{d}{dt}\dot{\hat{c}}(t) = \lambda_{|\hat{c}(t)} \cdot \nu_{|c(t)}$$

und

$$\frac{d}{dt}\nu_{|c(t)} = -\lambda_{|\hat{c}(t)} \cdot \hat{c}(t)$$

Man betrachte die Zweiform

$$B(t) = \hat{c}(t) \circ \nu_{|c(t)}^{tr} - \nu_{|c(t)} \circ \hat{c}(t)^{tr}$$

Es folgt $\dot{B}(t) = 0$. Mit anderen Worten ist $B(t) = B(0)$ eine schiefsymmetrische Matrix vom $\text{Rang} B = 2$, beschreibt also eine Ebene, die senkrecht auf den Blättern steht. Sie hängt nicht von t ab. $\hat{c}(t)$, $\nu_{|c(t)} \in \text{Im}(B(0)) \subset \mathbb{R}^{n+1}$.

Damit ist der Satz auf $U = \{p \in M^n \mid A_{|p} \neq 0\}$ gezeigt. In den Blättern kann es keine Randpunkte geben, da sie vollständig sind. Also können höchstens auf der ebenen Kurve c Randpunkte auftauchen. Es bleiben zwei Möglichkeiten. Entweder ist die Hyprfläche $\mathbb{R}^n \subset \mathbb{R}^{n+1}$ oder es tauchen $\mathbb{R}^{n-1} \times G$ und $\mathbb{R}^{n-1} \times I$ auf, wobei G eine Halbgerade und I ein Intervall ist. Tauchen zwei diese Objekte auf, so müssen sie parallel liegen, da sie sich wegen der Vollständigkeit von M^n nicht schneiden dürfen. Letztendlich müssen sie also wieder senkrecht auf der ebenen Kurve stehen, die durch B beschrieben wird. Damit gilt $M^n = \mathbb{R}^{n-1} \times \mathbb{R}$ und $F = id_{\mathbb{R}^{n-1}} \times c$, wobei c eine ebene Kurve ist.

Literaturverzeichnis

[1] Bär, Christian: Elementare Differentialgeometrie.

[2] Do Carmo, Manfredo P.: Differentialgeometrie von Kurven und Flächen, Vieweg 1993.

[3] Do Carmo, Manfredo P.: Riemannian Geometry, Birkhäuser 1992.

[4] Dajczer, Marcos und Gromoll, Detlef: Rigidity of Complete Euclidean Hypersurfaces, in: Journal of Differential Geometry 31 (1990), S. 401 - 416.

[5] Königsberger, Konrad: Analysis 1, Springer-Verlag 2004.

[6] Kühnel, Wolfgang: Differentialgeometrie, Vieweg 2005.

[7] Spivak, Mike: Calculus, 1967.

[8] Spivak, Mike: Differential Geometry Vol. 1,2, Publish or Perish 1970.

Printed by Books on Demand GmbH, Norderstedt / Germany